BEI GRIN MACHT SICH IHR WISSEN BEZAHLT

- Wir veröffentlichen Ihre Hausarbeit, Bachelor- und Masterarbeit

- Ihr eigenes eBook und Buch - weltweit in allen wichtigen Shops

- Verdienen Sie an jedem Verkauf

Jetzt bei www.GRIN.com hochladen und kostenlos publizieren

Bibliografische Information der Deutschen Nationalbibliothek:

Die Deutsche Bibliothek verzeichnet diese Publikation in der Deutschen Nationalbibliografie; detaillierte bibliografische Daten sind im Internet über http://dnb.d-nb.de/ abrufbar.

Dieses Werk sowie alle darin enthaltenen einzelnen Beiträge und Abbildungen sind urheberrechtlich geschützt. Jede Verwertung, die nicht ausdrücklich vom Urheberrechtsschutz zugelassen ist, bedarf der vorherigen Zustimmung des Verlages. Das gilt insbesondere für Vervielfältigungen, Bearbeitungen, Übersetzungen, Mikroverfilmungen, Auswertungen durch Datenbanken und für die Einspeicherung und Verarbeitung in elektronische Systeme. Alle Rechte, auch die des auszugsweisen Nachdrucks, der fotomechanischen Wiedergabe (einschließlich Mikrokopie) sowie der Auswertung durch Datenbanken oder ähnliche Einrichtungen, vorbehalten.

Impressum:

Copyright © 2015 GRIN Verlag, Open Publishing GmbH
Druck und Bindung: Books on Demand GmbH, Norderstedt Germany
ISBN: 978-3-668-23801-5

Dieses Buch bei GRIN:

http://www.grin.com/de/e-book/324097/schulorientiertes-experimentieren-im-chemieunterricht-mit-redoxreaktionen

Christoph Höveler

Schulorientiertes Experimentieren im Chemieunterricht mit Redoxreaktionen

Durchführung, fachliche und didaktische Auswertung

GRIN Verlag

GRIN - Your knowledge has value

Der GRIN Verlag publiziert seit 1998 wissenschaftliche Arbeiten von Studenten, Hochschullehrern und anderen Akademikern als eBook und gedrucktes Buch. Die Verlagswebsite www.grin.com ist die ideale Plattform zur Veröffentlichung von Hausarbeiten, Abschlussarbeiten, wissenschaftlichen Aufsätzen, Dissertationen und Fachbüchern.

Besuchen Sie uns im Internet:

http://www.grin.com/

http://www.facebook.com/grincom

http://www.twitter.com/grin_com

Inhalt

Metalle, bzw. Metallpulver in Brennerflamme 2
    Beobachtung 2
    Fachliche Auswertung 3
    Didaktische Auswertung 7

Reduktion von Kupferoxid 8
    Durchführung 8
    Beobachtung 8
    Fachliche Auswertung 9
    Didaktische Auswertung 12

Verbrennungen in CO_2 12
    Durchführung 12
    Beobachtung 13
    Fachliche Auswertung 13
    Didaktische Auswertung 14

Abscheidungsversuche 15
    Durchführung. 15
    Beobachtung. 15
    Fachliche Auswertung. 16

Daniell-Element 18
    Durchführung. 18
    Beobachtung. 20

Galvanische Zellen 21
    Durchführung. 21
    Beobachtung. 22
    Fachliche Auswertung zum Daniell-Element und den Galvanischen Zellen. 22
    Didaktische Auswertung zu den Abscheidungsversuchen, dem Daniell-Element und den galvanischen Zellen. 25

Spezielle Frage 1. 26
Spezielle Frage 2. 26
Quellen. 27

Metalle, bzw. Metallpulver in Brennerflamme

Durchführung:

„V1: Halten sie mit der Tiegelzange nacheinander etwas Magnesiumband, ein Stück Kupfer- und Silberblech und einen Platindraht in die entleuchtete Brennerflamme.

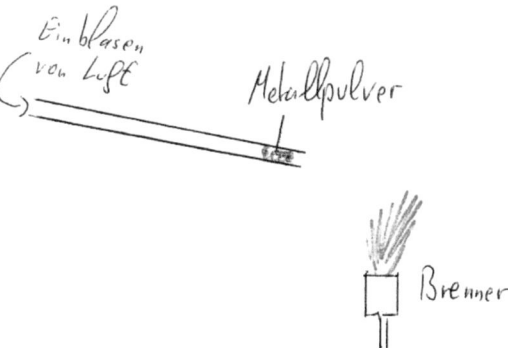

V2: Spannen Sie einen Gasbrenner waagerecht an einem Stativ fest und stellen Sie die entleuchtete Brennerflamme ein. Füllen sie das eine Ende eines Glasrohrs mit etwas Magnesiumpulver und blasen Sie die Probe von der Seite in die Brennerflamme. Wiederholen Sie den Versuch mit Eisen- und Kupferpulver. Vergleichen Sie die Helligkeit der Flammen."[1]

Statt eines Silberblechs wurde in V1 ein Eisennagel benutzt.

Beobachtung:

Von V1:

Das Kupferblech leuchtete orange auf und verfärbte sich beim Abkühlen schwarz.

Der Eisennagel begann erst langsam an zu glühen, und wurde nach dem Abkühlen an entsprechender Stelle dunkelgrau.

Der Platindraht glühte sehr schnell und anhaltend hell orange auf. Nach dem Abkühlen konnte keine Farbänderung festgestellt werden.

Das Magnesiumband entzündete sich in der Brennerflamme und brannte mit einer gleißend weißen Flamme. Es zerfiel in ein weißes Pulver.

Von V2:

---

[1] Sek 2, S. 132, V1 – V2

Diese Reaktionen verliefen heftiger und schneller, als bei den entsprechenden Blechen.

Das Kupferpulver ließ die Brennerflamme grün leuchten. Da es sich im Brenner verfing, war diese Grünfärbung der Flamme lange zu beobachten.

Das Magnesiumpulver verbrannte in einem hellen weißen Lichtball. Dieser war aufgrund seiner enormen Helligkeit kaum direkt zu beobachten.

Das Eisenpulver ließ sich beim passieren der Brennerflamme gut beobachten, da es als glühende Funken zu Boden fiel.

Fachliche Auswertung:

Elektronenaustausch als Redoxreaktion

Zunächst wird in der Schule der Begriff Oxidation als eine Reaktion bezeichnet, bei der sich ein Stoff mit Sauerstoff verbindet. So reagieren zum Beispiel zwei Magnesiumatome mit einem Sauerstoffmolekül zu zwei Magnesiumoxidmoleküle. Eine Reduktion wird dementsprechend als eine Reaktion eingeführt, bei welcher ein sauerstoffhaltiger Stoff diesen Sauerstoff abgibt. So reagieren zum Beispiel zwei Kupferoxidmoleküle zu zwei Kupferatome und elementaren Sauerstoff. Eine Reaktion, bei der Sauerstoff von einem Partner auf den anderen übertragen wird, nennt man Redoxreaktion.[2]

$$2\,Mg(s) + O_2(g) \rightarrow 2\,MgO(s)$$

$$2\,CuO(s) \rightarrow 2\,Cu(s) + O_2(g)$$

Dieses Erklärungsmodell funktioniert allerdings nur solange, wie wir ausschließlich Reaktionen betrachten, bei dem auch Sauerstoff beteiligt ist. Um das Donator-Akzeptor-Prinzip von Elektronen einzuführen, bietet es sich an, bekannte Reaktionen in ihrer Ionenschreibweise darzustellen.

Bei der oben bereits angeführten Reaktion von Magnesium mit Sauerstoff werden Magnesium-Ionen Mg^{2+} und Sauerstoff-Ionen O^{2-} gebildet. Jedes Magnesiumatom gibt also 2 Elektronen ab und jedes Sauerstoffatom nimmt 2 Elektronen auf. Auf dieser Grundlage lassen sich nun die Begriffe der Oxidation und Reduktion neu definieren. Unter Oxidation versteht man eine Elektronenabgabe. Eine Reduktion ist eine Elektronenaufnahme. Und eine Redoxreaktion ist eine Reaktion, bei der eine Elektronenübertragung stattfindet.

---

[2] Vgl. Willner, S. 248

$$Mg \rightarrow Mg^{2+} + 2e^- \quad (Oxidation)$$

$$O_2 + 4e^- \rightarrow 2O^{2-} \quad (Reduktion)$$

$$2Mg + O_2 \rightarrow 2Mg^{2+} + 2O^{2-} \quad (RedOx)$$

Das zu oxidierende Teilchen wird weiterhin als Elektronen-Donator, und das zu reduzierende Teilchen als Elektronen-Akzeptor bezeichnet.[3] Als Triebkraft für solche Reaktionen ist hier auf die Ionisierungsenergie und die Elektronen-Affinität hinzuweisen.[4]

Wie in V2 festgestellt, reagierten die Metalle in Pulverform weitaus heftiger als die Bleche. Dies ist auf die enorm gesteigerte Oberfläche des Pulvers zurück zu führen. Je größer die anzugreifende Oberfläche ist, desto heftiger fällt die Reaktion aus. Bei Feststoffen können nur die Atome an der Oberfläche mit dem Reaktionspartner reagieren. Den Grad der Zerteilung eines Stoffes wird mit dem Zerteilungsgrad angegeben, der sich auf das Volumen und die Oberfläche eines Stoffes bezieht.[5]

Metalle reagieren mit dem Sauerstoff zu Salzen, welche ionisch gebunden sind. Eine ionische Bindung besteht aus Kationen und Anionen. Der Stoff ist nach außen hin elektrisch neutral. Als Kationen fungieren meist elektropositive Elemente, wie zum Beispiel Alkali-, Erdalkali-, Übergangs- und Seltene-Erd-Metalle. Anionen werden eher von den rechts im Periodensystem befindlichen, elektronegativeren, Elementen gebildet.[6]

In den beiden angeführten Reaktionen kann man erkennen, dass die hier verwendeten Metalle als Elektronen-Donatoren, und Sauerstoff jeweils als Elektronen-Akzeptor dient. Kupfer reagiert zu Kupferoxid, Eisen zu Eisenoxid und Magnesium zu Magnesiumoxid.

$$2Cu(s) + O_2(g) \rightarrow 2CuO(s)$$

$$\text{Oxidation: } 2Cu \rightarrow 2Cu^{2+} + 4e^-$$

$$\text{Reduktion: } O_2 + 4e^- \rightarrow 2O^{2-}$$

---

[3] Vgl. Sek 2, S.133
[4] Vgl. Sek 2, S.134
[5] http://www.chemie.de/lexikon/Zerteilungsgrad.html, Zugriff am 16.11.2014
[6] Vgl. Repetitorium, S. 129

$$2\,Fe(s) + O_2(g) \rightarrow 2\,FeO(s)$$

Oxidation: $2\,Fe \rightarrow 2\,Fe^{2+} + 4\,e^-$

Reduktion: $O_2 + 4\,e^- \rightarrow 2\,O^{2-}$

$$2\,Mg(s) + O_2(g) \rightarrow 2\,MgO(s)$$

Oxidation: $2\,Mg \rightarrow 2\,Mg^{2+} + 4\,e^-$

Reduktion: $O_2 + 4\,e^- \rightarrow 2\,O^{2-}$

Platin zeigte nach dem Glühen keinerlei Veränderungen. Deshalb ist davon auszugehen, dass es nicht mit dem Luftsauerstoff reagiert hat. Dies lässt sich erklären, wenn man sich die Spannungsreihe der Metalle ansieht.

Tabelle 11.3 Spannungsreihe: Standard-Elektrodenpotentiale E^0 einiger Redox-Paare

oxidierte Form ⇌ reduzierte Form	E^0(V)
$Li^+(aq) + e^- \rightleftharpoons Li(s)$	−3,04
$K^+(aq) + e^- \rightleftharpoons K(s)$	−2,92
$Ca^{2+}(aq) + 2\,e^- \rightleftharpoons Ca(s)$	−2,87
$Na^+(aq) + e^- \rightleftharpoons Na(s)$	−2,71
$Mg^{2+}(aq) + 2\,e^- \rightleftharpoons Mg(s)$	−2,36
$Al^{3+}(aq) + 3\,e^- \rightleftharpoons Al(s)$	−1,66
$Mn^{2+}(aq) + 2\,e^- \rightleftharpoons Mn(s)$	−1,18
$2\,H_2O(l) + 2\,e^- \rightleftharpoons H_2(g) + 2\,OH^-(aq)$	−0,83
$Zn^{2+}(aq) + 2\,e^- \rightleftharpoons Zn(s)$	−0,76
$Cr^{3+}(aq) + 3\,e^- \rightleftharpoons Cr(s)$	−0,74
$S(s) + 2\,e^- \rightleftharpoons S^{2-}(aq)$	−0,48
$Fe^{2+}(aq) + 2\,e^- \rightleftharpoons Fe(s)$	−0,44
$Cr^{3+}(aq) + e^- \rightleftharpoons Cr^{2+}(aq)$	−0,41
$Cd^{2+}(aq) + 2\,e^- \rightleftharpoons Cd(s)$	−0,40
$Co^{2+}(aq) + 2\,e^- \rightleftharpoons Co(s)$	−0,28
$Ni^{2+}(aq) + 2\,e^- \rightleftharpoons Ni(s)$	−0,25
$Sn^{2+}(aq) + 2\,e^- \rightleftharpoons Sn(s)$	−0,14
$Pb^{2+}(aq) + 2\,e^- \rightleftharpoons Pb(s)$	−0,13
$2\,H^+(aq) + 2\,e^- \rightleftharpoons H_2(g)$	0,00
$SO_4^{2-}(aq) + 4\,H^+(aq) + 2\,e^- \rightleftharpoons SO_2(aq) + 2\,H_2O(l)$	0,16
$Cu^{2+}(aq) + e^- \rightleftharpoons Cu^+(aq)$	0,16
$S(s) + 2\,H^+(aq) + 2\,e^- \rightleftharpoons H_2S(g)$	0,17
$Cu^{2+}(aq) + 2\,e^- \rightleftharpoons Cu(s)$	0,34
$O_2(g) + 2\,H_2O(l) + 4\,e^- \rightleftharpoons 4\,OH^-(aq)$	0,40
$Cu^+(aq) + e^- \rightleftharpoons Cu(s)$	0,52
$I_2 + 2\,e^- \rightleftharpoons 2\,I^-(aq)$	0,62
$Fe^{3+}(aq) + e^- \rightleftharpoons Fe^{2+}(aq)$	0,77
$Ag^+(aq) + e^- \rightleftharpoons Ag(s)$	0,80
$Hg^{2+}(aq) + 2\,e^- \rightleftharpoons Hg(l)$	0,85
$NO_3^-(aq) + 4\,H^+(aq) + 3\,e^- \rightleftharpoons NO(g) + 2\,H_2O(l)$	0,96
$Br_2(aq) + 2\,e^- \rightleftharpoons 2\,Br^-(aq)$	1,09
$Pt^{2+}(aq) + 2\,e^- \rightleftharpoons Pt(s)$	1,20
$O_2(g) + 4\,H^+(aq) + 4\,e^- \rightleftharpoons 2\,H_2O(l)$	1,23
$MnO_2(s) + 4\,H^+(aq) + 2\,e^- \rightleftharpoons Mn^{2+}(aq) + 2\,H_2O(l)$	1,23
$Cr_2O_7^{2-}(aq) + 14\,H^+(aq) + 6\,e^- \rightleftharpoons 2\,Cr^{3+}(aq) + 7\,H_2O(l)$	1,33
$Cl_2(g) + 2e^- \rightleftharpoons 2\,Cl^-(aq)$	1,36
$PbO_2(s) + 4\,H^+(aq) + 2\,e^- \rightleftharpoons Pb^{2+}(aq) + 2\,H_2O(l)$	1,46
$Au^{3+}(aq) + 3\,e^- \rightleftharpoons Au(s)$	1,50
$MnO_4^-(aq) + 8\,H^+(aq) + 5\,e^- \rightleftharpoons Mn^{2+}(aq) + 4\,H_2O(l)$	1,51
$Ce^{4+}(aq) + e^- \rightleftharpoons Ce^{3+}(aq)$	1,61
$Au^+(aq) + e^- \rightleftharpoons Au(s)$	1,69
$H_2O_2(aq) + 2\,H^+(aq) + 2\,e^- \rightleftharpoons 2\,H_2O(l)$	1,77
$S_2O_8^{2-}(aq) + 2e^- \rightleftharpoons 2\,SO_4^{2-}(aq)$	2,01
$F_2(g) + 2\,e^- \rightleftharpoons 2\,F^-(aq)$	2,85

[7]

Hieraus ist abzulesen, dass Platin ein überaus starkes Oxidationsvermögen hat, es also seinen Reaktionspartner zur Oxidation drängt. Dementsprechend ist sein Reduktionsvermögen äußerst gering. Der Luftsauerstoff ist in unserem Versuchsaufbau nicht in der Lage, Platin zu oxidieren. Sauerstoff befindet sich mit einem Standard-Elektrodenpotenzial von +0,40 E°(V) zwischen Kupfer

---

[7] Vgl. Willner, S. 257

und Silber.[8] Hierdurch zeigt sich ebenfalls, weshalb Platin zu den edlen Metallen zählt, und zum Beispiel Eisen und Magnesium zu den unedlen Metallen.

Die meisten Metalle kommen in der Natur nur in Verbindungen vor, da sie sich leicht oxidieren lassen. Edle Metalle wie Gold, Silber und Platin, welche schwer zu oxidieren sind, findet man in der Natur in ihrer elementaren Form.

Didaktische Auswertung:

Das oben aufgeführte Experiment passt thematisch in das Inhaltsfeld 4, Metalle und Metallgewinnung der Progressionsstufe eins. Die Schülerinnen und Schüler lernen in diesem Inhaltsfeld erstmals die Begriffe Oxidation, Reduktion du Redoxreaktion kennen. Die Begriffe werden in dieser Entwicklungsstufe als Reaktionen mit Sauerstoff definiert. Oxidation ist demnach eine Sauerstoffabgabe, Reduktionen kennzeichnen Reaktionen bei denen Sauerstoff aufgenommen wird, und bei einer Redoxreaktion, laufen Oxidation und Reduktion simultan ab. Die SuS lernen wichtige Gebrauchsmetalle und ihre typischen Eigenschaften kennen. Durch dieses Experiment erfahren Sie auf anschauliche Art und Weise das Metalle oxidiert werden können, und sind so in der Lage, zum Beispiel beim Versuch mit Eisen, selbstständig den Begriff der Korrosion mit der Oxidation zu verknüpfen. In diesem Zusammenhang kann auch das Thema des Korrosionsschutzes diskutiert werden.

Wie bei allen Experimenten sollten die Schüler und Schülerinnen zum korrekten Protokolieren angehalten werden, welches eine nachträgliche Reproduktion der Ergebnisse ermöglicht.

Das oben angeführte Experiment, beziehungsweise die Versuchsreihe, sollte aus meiner Sicht lediglich vom Lehrer als Demonstrationsexperiment vorgeführt werden. Das Erhitzen der Metallbleche in der Brennerflamme ist zwar noch unbedenklich, doch gerade das Verbrennen des Metallpulvers stellt eine viel zu große Gefahr für alle beteiligten dar. Gerade der direkte Vergleich der beiden Reaktionen birgt den größten Erkenntnisgewinn. Ein erhitzen aller Bleche, und anschließend der Pulver, halte ich daher nicht für zielführend. Die Lernenden sollen durch dieses Modellexperiment Rückschlüsse auf Grundlagenkonzepte wie das Oberflächen-Verhältnis und dem dementsprechenden Reaktionsverhalten ziehen. Ein solch ansonsten meist nur theoretisches Konzept, kann hier durch ein Phänomen in der Technik anschaulich zu Geltung gebracht werden. Insbesondere der Einsatz von Magnesium ist kritisch zu hinterfragen, da das extrem helle Licht die Augen schädigen könnte. Es ist als Lehrer nicht zu verhindern, dass die SuS die Vorsichtsmaßnahmen missachten, und geblendet werden könnten.[9]

Diese Versuchsreihe ließe sich auch in das Inhaltsfeld 2, Stoff- und Energieumsätze bei chemischen Reaktionen, einsetzen, um chemische Reaktionen bei denen Sauerstoff aufgenommen wird, als Oxidation einordnen zu können.

---

[8] Vgl. Willner, S. 257
[9] Vgl. Kernlehrplan für die Realschule in Nordrhein-Westfalen, Fach Chemie, Stand 07.07.2011

Reduktion von Kupferoxid

Durchführung:

„V1: Mische 2,0 g schwarzes Kupferoxid mit 1,0 g Eisenpulver. Fülle das Gemisch in ein Reagenzglas und erhitze es, bis es aufglüht. Nimm das Reagenzglas aus der Flamme und untersuche das Produkt nach dem Abkühlen.

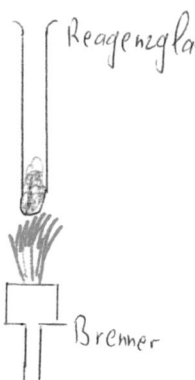

V2: Mische 2,0 g schwarzes Kupferoxid mit 0,3 g Holzkohlepulver. Erhitze das Gemisch ca. 2 min kräftig. Untersuche auch hier das Produkt nach dem Abkühlen.

V3: Mische 2,0 g schwarzes Kupferoxid ohne weitere Zusätze stark in einem Reagenzglas.

V4: Wiederhole V2 und leite diesmal das entstehende Gas in Kalkwasser.

V5: Falte aus einem kleinen, quadratischen Stück Kupferblech ein offenes Briefchen. Halte es anschließend mit der Tiegelzange ca. 30 s in die rauschende Bunsenbrennerflamme. Lass es kurz abkühlen. Fülle nun grobes Aktivkohlepulver in das Briefchen und erhitze ohne Schütteln erneut. Lass es abkühlen und schütte das restliche Pulver heraus."[10]

Beobachtung:

Von V1:

Das Gemisch reagierte stark, es begann von unten nach oben zu glühen. Es bildet sich schwarzer Ruß im Reagenzglas. Nach dem Abkühlen erkennt man rötliche Schlieren in dem Gemisch.

Von V2:

---

[10] Sek 1, S.86, V1 – V5

Das Gemisch glüht auf. Es bildet sich schwarzer Ruß im Reagenzglas. Nach dem Erkalten erkennt man einen ganz schwachen rot/braunen Glanz in dem ansonsten schwarzen Gemisch.

Von V3:

Das Gemisch muss stark erhitzt werden, damit sich ein glühen abzeichnet. Nach dem Abkühlen ist keine Veränderung wahrzunehmen.

Von V4:

Das über ein gebogenes Glasrohr geleitete Gas, lässt das Kalkwasser milchig trüb werden. Bei einer Glimmspannprobe erlischt der zuvor noch glühende Holzstab sofort.

Von V5:

Der typisch rötliche Kupferbrief färbt sich nach dem erhitzen grau/schwarz. Die Aktivkohle verfärbt sich noch während dem Erhitzen weiß. Nach dem Abkühlen und dem Entfernen der Kohle erkennt man deutlich die Kontaktstellen zwischen Kohle und Kupfer. Diese sind nicht schwarz wie der Rest, sondern erscheinen im anfänglichen typischen Kupferton.

Fachliche Auswertung:

V4 würde theoretisch wie folgt ablaufen, jedoch nicht unter uns möglichen Versuchsbedingungen.

$$4\,CuO(s) \longrightarrow 2\,Cu_2O(s) + O_2(g)$$

Diese Versuchsreihe zeigt die Möglichkeiten der Reduktion von Kupferoxid. In V1 dienen Eisenatome als Reduktionsmittel, in V2 und V4 die Kohlenstoffatome. Als Oxidationsmittel fungieren die Kupfer-Ionen.

$$CuO(s) + Fe(s) \longrightarrow FeO(s) + Cu(s)$$
$$Ox.: Fe \longrightarrow Fe^{2+} + 2e^-$$
$$Red.: Cu^{2+} + 2e^- \longrightarrow Cu$$

$$2\,CuO(s) + C(s) \rightarrow 2\,Cu(s) + CO_2(g)$$

$$Ox.: \quad C \quad\quad\quad \rightarrow C^{4-} + 4e^-$$

$$Red.: \quad 2\,Cu^{2+} + 4e^- \rightarrow Cu$$

In V4 weist das Erlöschen des Glimmspanns auf $CO_2(g)$ hin. Die anschließend durchgeführte Kalkwasserprobe des entstehenden Gases bestätigt dies mit der Trübung der Lösung, es bildete sich ausfallendes Calciumcarbonat.

$$Ca(OH)_2\,(aq) + CO_2(g) \rightarrow CaCO_3(s) + H_2O(l)$$

Der Kupferbriefversuch zeigt noch einmal sehr anschaulich, dass elementares Kupfer beim Erhitzen mit dem Luftsauerstoff reagiert und schwarzes Kupferoxid bildet. Es wird hier Oxidiert. In Anwesenheit von Kupferoxid und Kohlenstoff lässt sich diesem wieder zu elementaren Kupfer reduzieren. Zu erkennen an seiner charakteristischen Farbe.

1.: $\quad 2\,Cu(s) + O_2(g) \rightarrow 2\,CuO(s)$

2.: $\quad 2\,CuO(s) + C(s) \rightarrow 2\,Cu(s) + CO_2(g)$

Eine weitere Erkenntnis dieser Versuchsreihe ist, dass Eisen als auch Kohlenstoff ein größeres Reduktionsvermögen aufweisen als Kupfer, beziehungsweise sie haben eine höhere Tendenz zur Elektronenabgabe.

V3 verdeutlicht uns, dass ohne einen passenden Reaktionspartner Kupferoxid nicht reagieren kann.

Die Möglichkeit, Metalloxide mit kostengünstigem Kohlenstoff zu reduzieren findet in großtechnischen Verfahren Anwendung. Insbesondere im Hochofenprozess wird dieses Wissen schon seit langer Zeit angewandt.

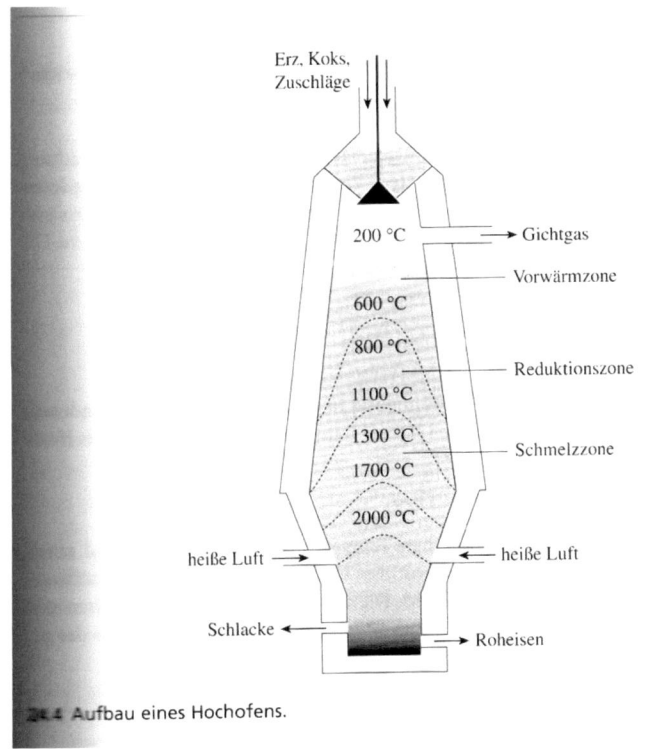

Aufbau eines Hochofens.[11]

Eisen, als eins der wichtigsten Metalle überhaupt, findet in zahlreichen Legierungen Anwendung. Jährlich werden demzufolge ca. 1,3 Milliarden (1300000000) Tonnen produziert. In der Natur kommt Eisen fast ausschließlich in Form von Erzen vor. Die beiden wichtigsten Oxide sind Eisen(III)-oxid und Eisen(II)-oxid. Aus diesen Erzen wird elementares Eisen durch Reduktion mit Koks gewonnen. Koks entsteht beim Erhitzen von Steinkohle unter Luftabschluss bei etwa 1000 °C. Koks besteht aus porösem Kohlenstoff. Die Reaktion von Koks mit Kohlenstoffdioxid steht im sogenannten Boudouard-Gleichgewicht.[12]

$$C(s) + CO_2(g) \rightleftharpoons 2\,CO(g)$$

---

[11] Vgl, Willner, S.657
[12] Vgl. Willner, S. 656 - 659

$$3\, Fe_2O_3(s) + CO(g) \rightarrow 2\, Fe_3O_4(s) + CO_2(g)$$

$$Fe_3O_4(s) + CO(g) \rightarrow 3\, "FeO"(s) + CO_2(g)$$

$$"FeO"(s) + CO(g) \rightarrow Fe(l) + CO_2(g)$$

Didaktische Auswertung:

Diese Versuchsreihe passt ebenso in das Inhaltsfeld 4 der Progressionsstufe 1, Metalle und Metallgewinnung. Anhand dieser Versuche lassen sich die Begriffe Oxidation und Reduktion als Sauerstoff Abgabe, beziehungsweise Aufnahme, demonstrieren. Auch die Begriffe Reduktionsmittel und Oxidationsmittel können eingeführt werden. Besonders geeignet ist dieser Versuch um den Kindern den großtechnischen Hochofenprozess näher zu bringen. Hier lernen sie den Weg der Metallgewinnung vom Erz zum Roheisen kennen. Zudem können Basiskonzepte der Energie besprochen werden. Energiebilanzen können vorgestellt werden, sowie endotherme und exotherme Redoxreaktionen besprochen werden.

Ein weiterer Schwerpunkt in diesem Themenfeld ist, dass zunächst für Redoxreaktionen eine Wortgleichung als Reaktionsgleichung formuliert wird und dabei die Oxidations- und Reduktionsvorgänge gekennzeichnet werden. So ist ein maximaler Erkenntnisgewinn gewährleistet.

Außerdem könnte man die SuS in einem in einem kurzen, zusammenhängenden Vortrag chemische Zusammenhänge (z. B. im Bereich Metallgewinnung) anschaulich darstellen lassen.[13]

Diese Versuchsreihe würde ich als Lehrerversuche klassifizieren. Gerade das sehr starke Erhitzen birgt das Risiko, ein Reagenzglas zum Schmelzen zu bringen. Dies sollte daher aus Kosten- und Sicherheitsgründen nur von erfahrenen Lehrpersonen durchgeführt werden. Es kann sowohl als Modellexperiment für die Prozesse im Hochofen herhalten, als auch als Experiment zur Überprüfung einer von den Schülern gestellten Hypothese dienen.

Verbrennungen in CO_2

Durchführung:

LV4: „In zwei Standzylinder wird etwas Sand gegeben. Anschließend werden die beiden Standzylinder mit Kohlenstoffdioxid aus der Gasflasche gefüllt. Man hält mit der Tiegelzange a) glühende Eisenwolle und b) brennendes Magnesiumband in je einen Standzylinder."[14]

---

[13] Vgl. Kernlehrplan für die Realschule in Nordrhein-Westfalen, Fach Chemie, Stand 07.07.2011
[14] Sek 1, S.88, LV4

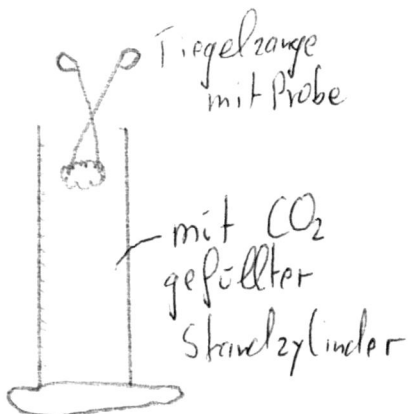

Beobachtung:

Von LV4:

Die an der Luft noch glühende Eisenwolle erlischt sofort beim Eintauchen in den mit Kohlenstoffdioxid gefüllten Standzylinders.

Das an der Luft grell weiß brennende Magnesium glüht etwas schwächer in dem mit Kohlenstoffdioxid gefüllten Standzylinder weiter. Es entsteht weißer Rauch und in unmittelbarer Nähe zum Magnesiumband ein schwarzer Belag an der Glaswand.

Fachliche Auswertung:

Eisen oxidiert an der Luft, in Kohlenstoffdioxidatmosphäre jedoch nicht.

$$4\,Fe(s) + 3\,O_2(g) \rightarrow 2\,Fe_2O_3(s)$$

$$Ox.: \quad 4\,Fe \rightarrow 4\,Fe^{3+} + 12\,e^-$$

$$Red.: \quad 3\,O_2 + 12\,e^- \rightarrow 6\,O^{2-}$$

Magnesium oxidiert sowohl an der Luft, als auch in der Kohlenstoffdioxidatmosphäre.

$$2\ Mg(s) + O_2(g) \rightarrow 2\ MgO(s)$$

$$2\ Mg(s) + CO_2(g) \rightarrow 2\ MgO(g) + C(s)$$

Zu erklären ist dieses Phänomen mithilfe der verschiedenen Reduktionsvermögen der Elemente. Dieses zeigt an, wie stark die Tendenz zur Elektronenabgabe ein Element hat.

$$Mg > Al > Zn > C > Fe > Cu > Ag > Au > Pt$$

Je weiter links ein Metall steht, umso unedler, umso größer ist die Wirkung als Reduktionsmittel und umso heftiger verläuft die Oxidation. So hat beispielsweise Magnesium gegenüber dem Kohlenstoff ein stärkeres Reduktionsmittel als Zink.

Eisen, als das edlere Metall in unserem Versuch, konnte den Kohlenstoff im Kohlenstoffdioxid nicht reduzieren. Magnesium mit seinem höheren Reduktionsvermögen hingegen schon. Es reduzierte Kohlenstoffdioxid zu elementaren Kohlenstoff und wurde selbst zu Magnesiumoxid. Je größer das Reduktionsvermögen eines Stoffes, umso unedler ist dieser.

Didaktische Auswertung:

Ebenfalls in Inhaltsfeld 4 einzuordnen, ist die Verbrennung in CO_2. Es kann als Einstiegsexperiment zum Begriff der edlen und unedlen Metalle dienen, da hier ein Problem, beziehungsweise ein interessantes Phänomen der Natur dargestellt wird. Zum Erkenntnisgewinn sind in diesem Beispiel unterschiedlich Versuchsbedingen geschaffen worden, sodass durch das für die SuS unerwartete Geschehen, eine Lernmotivation entsteht.

Auch dieses Experiment würde ich als Lehrerversuch durchführen, da einerseits der Umgang mit CO_2 besondere Obacht verdient, und zum anderen das Verbrennen von Magnesium eine Gefahr für die Lernenden darstellt.

Abscheidungsversuche

Durchführung:

„V3: Geben sie in einer Versuchsreihe entsprechend B1

Nr.	Metall	Lösung des Salzes
1	Zink	Eisen(II)-sulfat
2	Zink	Kupfersulfat
3	Zink	Silbernitrat
4	Kupfer	Zinksulfat
5	Kupfer	Eisen(II)-sulfat
6	Kupfer	Silbernitrat
7	Eisen	Zinksulfat
8	Eisen	Kupfersulfat
9	Eisen	Silbernitrat

B1 *Kombinationen von Metallen in Metallsalz-Lösungen (V3)*

blanke Stücke verschiedener Metalle in die angegebenen Metallsalz-Lösungen. Fassen sie ihre Ergebnisse tabellarisch zusammen."[15]

Beobachtung:

Von V3:

Nr.	Metall	Lösung des Salzes	Beobachtung
1	Zink	Eisen(II)-sulfat	Bildung eines schwarzen Belags
2	Zink	Kupfersulfat	Bildung eines schwarzen Belags
3	Zink	Silbernitrat	Bildung eines Grauens Belags
4	Kupfer	Zinksulfat	Keine sichtbare Veränderung
5	Kupfer	Eisen(II)-sulfat	Keine sichtbare Veränderung
6	Kupfer	Silbernitrat	Bildung eines Grauens Belags
7	Eisen	Zinksulfat	Keine sichtbare Veränderung
8	Eisen	Kupfersulfat	Bildung eines rot/braunen Belags
9	Eisen	Silbernitrat	Bildung eines Grauens Belags

---

[15] Sek 2, S. 136, V3

Fachliche Auswertung:

Zu Nummer 1,2 und 3:

Zink ist in allen drei Fällen der Elektronen-Donator. Der Akzeptor ist in ersten Fall das Eisen-Ion, im zweiten das Kupfer-Ion und im dritten das Silber-Ion.

$$Zn(s) + Fe^{2+}(aq) \rightarrow Zn^{2+}(aq) + Fe(s)$$

$$Zn(s) + Cu^{2+}(aq) \rightarrow Zn^{2+}(aq) + Cu(s)$$

$$Zn(s) + 2\,Ag^{+}(aq) \rightarrow Zn^{2+}(aq) + 2\,Ag(s)$$

Zu Nummer 4, 5 und 7:

In dieser Kombination findet keine Reaktion zwischen den Partnern statt.

Zu Nummer 6:

Kupfer geht als Ion in Lösung und elementares Silber wir abgeschieden. Das Kupfer fungiert als Donator und der Elektronen-Akzeptor sind die gelösten Silber-Ionen.

$$Cu(s) + 2\,Ag^{+}(aq) \rightarrow 2\,Ag(s) + Cu^{2+}(aq)$$

Zu Nummer 8 und 9:

In beiden Fällen gehen Eisen-Ionen in Lösung. Bei 8 wird elementares Kupfer abgeschieden, bei der 9 elementares Silber. Im ersten Fall ist der Elektronen-Akzeptor das Kupfer-Ion, im zweiten das Silber-Ion. Der Elektronen-Donator ist beides Mal das Eisen(-atom).

$$Fe(s) + Cu^{2+}(aq) \rightarrow Fe^{2+}(aq) + Cu(s)$$

$$Fe(s) + 2\,Ag^{+}(aq) \rightarrow Fe^{2+}(aq) + 2\,Ag(s)$$

Anhand der Versuche lässt sich eine Gesetzmäßigkeit feststellen, die sich schlussendlich in der Redoxreihe wiederfindet, auf welche wir weiter oben bereits eingegangen sind.

Red	⇌	Ox	+ z·e⁻	$E°$ in V
Li(s)	⇌	Li⁺(aq)	+ e⁻	−3,04
K(s)	⇌	K⁺(aq)	+ e⁻	−2,92
Ca(s)	⇌	Ca²⁺(aq)	+ 2e⁻	−2,87
Na(s)	⇌	Na⁺(aq)	+ e⁻	−2,71
Mg(s)	⇌	Mg²⁺(aq)	+ 2e⁻	−2,36
Al(s)	⇌	Al³⁺(aq)	+ 3e⁻	−1,66
Mn(s)	⇌	Mn²⁺(aq)	+ 2e⁻	−1,18
Zn(s)	⇌	Zn²⁺(aq)	+ 2e⁻	−0,76
Cr(s)	⇌	Cr³⁺(aq)	+ 2e⁻	−0,74
Fe(s)	⇌	Fe²⁺(aq)	+ 2e⁻	−0,41
Cd(s)	⇌	Cd²⁺(aq)	+ 2e⁻	−0,40
Co(s)	⇌	Co²⁺(aq)	+ 2e⁻	−0,28
Ni(s)	⇌	Ni²⁺(aq)	+ 2e⁻	−0,23
Sn(s)	⇌	Sn²⁺(aq)	+ 2e⁻	−0,14
Pb(s)	⇌	Pb²⁺(aq)	+ 2e⁻	−0,13
H₂(g)	⇌	2H⁺(aq)	+ 2e⁻	0,00
Cu(s)	⇌	Cu²⁺(aq)	+ 2e⁻	+0,35
Ag(s)	⇌	Ag⁺(aq)	+ e⁻	+0,80
Hg(l)	⇌	Hg²⁺(aq)	+ 2e⁻	+0,85
Pt(s)	⇌	Pt²⁺(aq)	+ 2e⁻	+1,20
Au(s)	⇌	Au³⁺(aq)	+ 3e⁻	+1,41

Reduktionsvermögen (oben nach unten abnehmend) — Oxidationsvermögen (oben nach unten zunehmend)

B4 *Spannungsreihe der Metalle und ihre Standard-Elektrodenpotenziale*
[16]

Die Elemente sind nach ihrem Reduktions-, beziehungsweise ihrem Oxidationsvermögen, geordnet. Ein Metall mit seinem entsprechenden Metall-Ion wird als Redoxpaar bezeichnet. Die Allgemeine Schreibweise lautet: Me / Me^{z+}. Ein solches Paar wird auch als korrespondierendes Redoxpaar bezeichnet.

Das Metall auf der linken Seite des Trennstrichs ist der Elektronen-Donator. Dieser ist gleichzeitig das Reduktionsmittel, da er derjenige Partner ist, welcher oxidiert wird. Ein Elektronen-Akzeptor ist dementsprechend ein Oxidationsmittel, weil er selber reduziert wird. Wie zum Beispiel oben ersichtlich ist, sind Magnesium und Kalium starke Reduktionsmittel.

Diese Reihe ließ sich durch die durchgeführten Versuche verifizieren.

---

[16] Vgl. Sek. 2, S.157

Daniell-Element

Durchführung:

„V2: „Strom aus der Petrischale" a) Vorbereitung: In die gegenüberliegenden Ränder einer zweigeteilten Kunststoff-Petrischale werden ein Kupfernagel und ein Zinknagel (man kann auch einen Draht oder ein Blech verwenden) durch vorsichtiges Erhitzen eingeschmolzen.

b) Füllen Sie in eine Hälfte der Schale eine Kupfersulfat-Lösung, in die andere Hälfte der Schale eine Zinksulfat-Lösung, beide mit den Stoffmengenkonzentrationen $c = 0{,}1 \frac{mol}{L}$. Die beiden Metalle werden dann mit einem Voltmeter verbunden. Stecken sie nun ein kleines Stück Bierdeckel auf den Trennsteg der Petrischale. Beachten Sie, wann der Messwert am Voltmeter angezeigt wird. Welche Spannung messen sie?

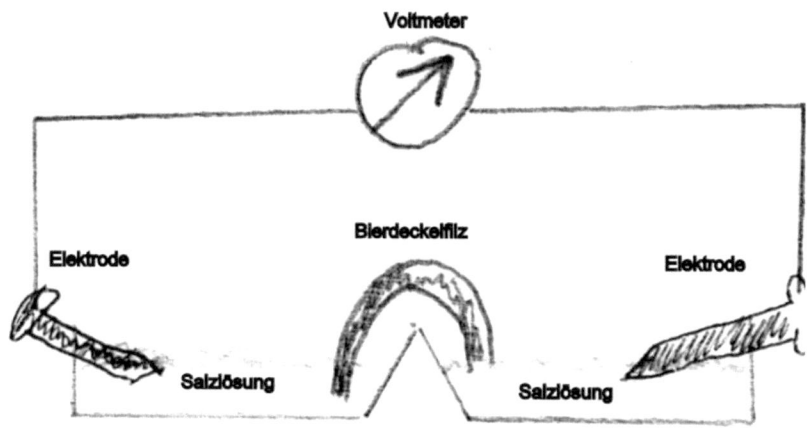

V3: Füllen Sie, wie in B3 skizziert,

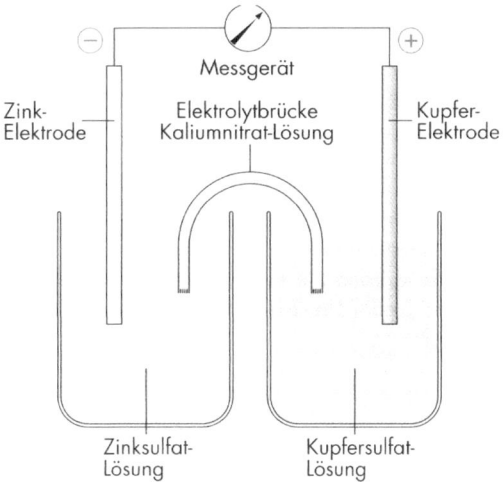

B3 *Versuchsaufbau zu V3*

ein Becherglas mit Kupfersulfat-Lösung, c = 0,1 $\frac{mol}{L}$, das andere Zinksulfat-Lösung, c = 0,1 $\frac{mol}{L}$. Tauchen sie in die Kupfersulfat-Lösung ein Kupferblech und in die Zinksulfat-Lösung ein Zinkblech. Verbinden Sie die Bleche über ein Voltmeter. Die beiden Gefäße werden über eine Elektrolytbrücke, ein gebogenes Glasrohr, das mit gesättigter Kaliumnitrat-Lösung gefüllt ist, verbunden. Lesen Sie die Spannung ab."[17]

---

[17] Sek 2, S. 138, V2-V3

B4:

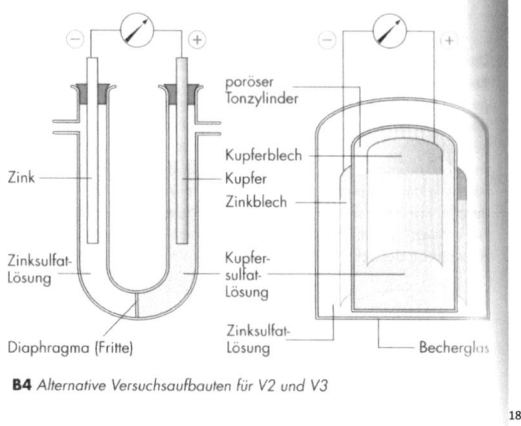

B4 Alternative Versuchsaufbauten für V2 und V3

[18]

Beobachtung:

Von V2:

Petrischale mit Bierfilz als Brücke:

Spannung: 1,07 V

Stromstärke: 0,15 mA

Die Spannung konnte erst gemessen werden, als der Bierfilz sich mit dem Elektrolyten vollgesogen hat.

Petrischale mit Filterpapier als Brücke:

Spannung: 1,05 V

Stromstärke: 0,00 mA

Die Spannung konnte erst gemessen werden, als das Filterpapier sich mit dem Elektrolyten vollgesogen hat.

Von V3:

Spannung: 1,07 V

Stromstärke: 1,58 mA

---

[18] Sek 2, S.138, B4

Von B4:

Spannung: 1,07 V

Stromstärke: 5,03 mA

Galvanische Zellen

Durchführung:

„V2: Galvanische Zellen in Petrischalen: Sie benötigen dieselben Lösungen und Elektroden wie in V1.

Halbzelle	Elektrode	Lösung c = 0,1 mol/L
1	Zink	Zinksulfat*
2	Eisen	Eisen(II)-sulfat*
3	Kupfer	Kupfersulfat*
4	Silber	Silbernitrat*

Als Elektroden eignen sich Bleche, dickere Drähte oder Nägel (z.B. Eisennagel, verzinkter Nagel). a) Vorbereitung: Schmelzen Sie in die gegenüberliegende Seiten von zwei zweigeteilten Petrischalen aus Kunststoff jeweils einen Metallnagel oder –draht ein. Verwenden Sie Metallbelche, so knicken Sie diese um die Außenwände der Schalen. b) Füllen sie die Hälften der beiden Petrischalen mit den entsprechenden Metallsalz-Lösungen. Verbinden Sie die Halbzellen über Kabel mit einem Voltmeter und stecken Sie ein Stück Bierdeckelfilz auf die Trennwände der Petrischalen. Messen Sie die sich einstellende Spannungen. Wenn Sie die beiden Petrischalen eng aneinander rücken, können sie die Halbzellen zweier benachbarter Petrischalen messen, indem Sie den Bierdeckelfilz nun über die Außenwände der Schalen stecken und die entsprechenden Elektoden mit dem Voltmeter Verbinden. Messen Sie die sich einstellenden Spannungen."[19]

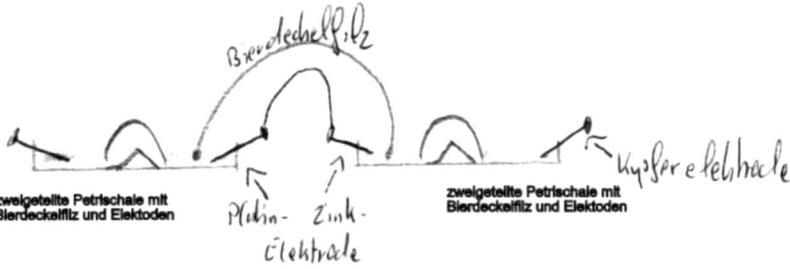

---

[19] Sek 2, S.140, V2

Beobachtung:

Von V2:

Zn / Zn^{2+} // Ag^+ / Ag	1,49 V
Fe / Fe^{2+} // Ag^+ / Ag	1,11 V
Cu / Cu^{2+} // Ag^+ / Ag	0,49 V
Zn / Zn^{2+} // Cu^{2+} / Cu	1,08 V
Fe / Fe^{2+} // Cu^{2+} / Cu	0,70 V
Zn / Zn^{2+} // Fe^{2+} / Fe	0,40 V

Fachliche Auswertung zum Daniell-Element und den Galvanischen Zellen:

Das Daniell-Element stellt eine elektrochemische Zelle dar. In einer solchen Zelle laufen zwei Redoxhalbreaktionen synchron, aber räumlich getrennt ab. Elektrochemische Zellen dienen sowohl zum Gewinn elektrischer Energie, wie zum Beispiel galvanische Zellen, als auch zum erzwingen chemischer Reaktionen, wie bei der Elektrolyse.

Neben den Komponenten der zwei Halbreaktionen enthält jede elektrochemische Zelle einen Elektrolyten, also einen Ionenleiter zum internen Ladungsausgleich, zwei Elektroden, also Elektronenleiter und einen äußeren Elektronenleiter zum Schließen des Stromkreises.

An der Kathode läuft die Reduktion ab. Hier werden die Elektronen aufgenommen. An der Anode läuft die Oxidation, die Elektronenabgabe statt. Besonders zu beachten ist, dass bei freiwillig ablaufenden Reaktionen, wie der galvanischen Zelle, die Kathode positiv und die Anode negativ geladen sind.

Im äußeren Stromleiter wandern die Elektronen von der Anode zur Kathode. Wird durch von außen hinzugefügten Strom die Richtung geändert, vertauschen sich die „Vorzeichen" der Elektroden.

Eine elektrochemische Zelle ohne separierte Halbzellen ist nur dann möglich, wenn alle an der Redoxreaktion beteiligten Stoffe schwerlöslich sind, wie im Fall der Autobatterie. In aller Regel bedarf es einer Separierung der Halbzellen und der Ladungsausgleich erfolgt über eine Salzbrücke oder durch eine semipermeable Membran.

Die Zellspannung U ist eine Potenzialdifferenz zwischen den beiden Elektroden, wenn sich die elektrochemische Zelle nicht im thermodynamischen Gleichgewicht befindet. Diese ist von mehreren Faktoren abhängig, wie die Stromstärke, dem Diffusionspotential von den beiden Halbzellenreaktionen, von den Konzentrationen, von der Temperatur und dem Druck.[20]

Mithilfe des Ohm'schen Gesetzes lassen sich, wenn man zwei der drei Grundgrößen eines Stromkreises kennt, die andere berechnen. Als Grundgrößen gelten Spannung, Stärke und der Widerstand.

---

[20] Vgl. Repetitorium, S. 251 - 253

$$R = \frac{U}{I} \qquad U = R \cdot I \qquad I = \frac{U}{R}$$

[21]

Die elektrische Spannung beschreibt die Triebkraft des elektrischen Stroms, die Stromstärke gibt an, wie viele elektrische Ladungsträger pro Sekunde durch den Querschnitt des Leiters fließen.[22]

Auch in diesen Experimenten kommt unsere oben neu definierten Begriffe Oxidation und Reduktion zum Tragen. Unter einer Oxidation versteht man die Elektronenabgabe, unter einer Reduktion die Elektronenaufnahme. Der Oxidations- sowie der Reduktionsschritt verlaufen hier nun räumlich voneinander getrennt ab. Die bei der Oxidation freigesetzten Elektronen fließen über den äußeren Stromkreis zur anderen Elektrode. Wenn beide Halbzellen durch eine semipermeable Membran voneinander getrennt sind, spricht man von einem Daniell-Element. Folgende Reaktion läuft ab:

Sobald in dem Versuchsaufbau der Stromkreis geschlossen ist, beginnt der elektrische Strom zu fließen. Von der Zinkelektrode, die negative Elektrode, sprich Kathode, zur Kupferelektrode, also der positiven Elektrode, der Anode. Die Zinkelektrode ist in einer Zinksulfat Lösung, und bildet dementsprechend das Redoxpaar Zn / Zn^{2+}. Die Kupferelektrode ist in eine Kupfersulfat Lösung getaucht, und bildet das Redoxpaar Cu / Cu^{2+}.

Die Zinkatome gehen als zweifach positiv geladene Ionen in Lösung. Die dabei freigesetzten Elektronen fließen durch den Draht zur Kupferelektrode. Dort reagieren sie mit dem in zweifach positiv geladenen Kupfer-Ionen in der Lösung, wodurch elementares Kupfer sich an dieser Elektrode abscheidet. Durch Ionenwanderung der zweifach negativ geladenen Sulfat-Ionen von der Kathode zur Anode und die Kationen von der Anode zur Kathode findet ein sogenannter Ladungsausgleich statt.

$$Zn(s) + Cu^{2+}(aq) \rightarrow Zn^{2+}(aq) + Cu(s)$$

$$Ox.: Zn \rightarrow Zn^{2+} + 2e^-$$

$$Red.: Cu^{2+} + 2e^- \rightarrow Cu$$

$$Zn / Zn^{2+} // Cu^{2+} / Cu$$

---

[21] http://www.elektronik-kompendium.de/sites/grd/0201113.htm ,Zugriff am 18.11.2014
[22] http://www.sn.schule.de/~ms16l/virtuelle_schule/3de/Kapitel_04_U_I/kapitel_04.htm, Zugriff am 16.11.2014

Wie anhand der Versuchsergebnisse zum Daniell abzusehen, unterscheidet sich die Stromspannung der verschiedenen Aufbauten nur schwach. Die Abweichung hinsichtlich der Stromstärke weisen hingegen erhebliche Unterschiede auf. Dies liegt an den unterschiedlichen Abscheidungsgeschwindigkeiten zwischen den Aufbauten. Diese hängt stark von der zur Verfügung stehenden Elektrodenoberfläche ab. Ein zweiter Unterschied ist die Ionenbrücke, welche je nach ihrer Beschaffenheit der raschen Durchmischung der Ionen entgegenwirkt.

Bei den Versuchen zur galvanischen Zelle wurde gezeigt, dass aus verschieden zusammengesetzten Halbzellen unterschiedliche Redoxpotenziale entstehen. Es ist zu erkennen, dass je weiter die Elemente in der Spannungsreihe auseinander stehen, desto größer ihr Potenzial ist.

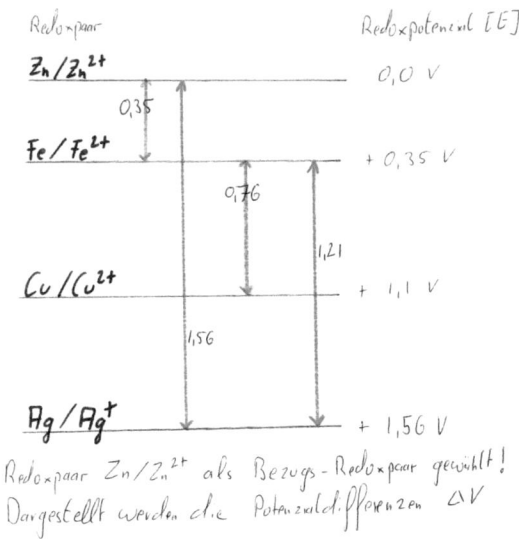

Zink, als das unedelste eingesetzte Metall, wird stets oxidiert, wohingegen Kupfer sowohl oxidiert, als auch reduziert wird.

Wie man erkennen kann, weichen die gemessen Ergebnisse nicht gravierend von den theoretischen Literaturwerten ab.[23]

Beispielhaft wird nun gezeigt, wie man die mögliche Spannung mithilfe der Spannungsreihe errechnet:

---

[23] Vgl. Sek 2, S.141

$$U = E_{Akzeptor} - E_{Donator}$$

$$E^0(Silber) = 0{,}8\ V = E_{Akzeptor}$$

$$E^0(Zink) = -0{,}76\ V = E_{Donator}$$

$$U(Zn/Zn^{2+}//Ag^+/Ag) = 0{,}8\ V - (-0{,}76\ V) = 1{,}56\ V$$

Didaktische Auswertung zu den Abscheidungsversuchen, dem Daniell-Element und den galvanischen Zellen:

Mit den Abscheidungsversuchen soll den SuS die Redoxreihe näher gebracht werden. Um dies zu verstehen muss der Begriff der Elektronenübertragungsreaktion als Redoxreaktion bekannt sein. Diesen führt man in der Realschule nicht ein.

Ebenso verhält es sich beim Daniell-Element, welches nur verständlich erklärt werden kann, indem man das Konzept der Elektronen-Donator, und Akzeptor verwendet.

In der Sekundarstufe 2 könnten die möglichen Versuchsergebnisse von den Schülern als Hypothese formuliert werden, um zu prüfen ob Sie die Spannungsreihe richtig deuten können. Mit diesen Vermutungen kann eine Forscher-Mentalität geweckt werden. Die aufkommenden Antworten können dann als „Frage an die Natur" gestellt werden. Aufgrund des grundlegenden Charakters dieses Versuchs eignet es sich ebenso als Schlüsselexperiment, da hierdurch zuvor kennengelernte theoretische Konzepte gefestigt werden.

Auch die galvanische Zelle wird in der Realschule nicht behandelt, da wie bereits bei dem Daniell-Element angemerkt, grundlegende Konzepte der Elektrochemie nicht im Kernlehrplan vorgesehen sind. Als einzige Möglichkeit sei hier auf einen sehr guten Chemie-Erweiterungskurs zu verweisen, wo man im Rahmen eines kurzen Exkurses den SuS einen Ausblick gewährt.

Spezielle Frage 1:

Welche Vorteile hat Kupferoxid bei der experimentgestützten Einführung der Metallgewinnung aus Oxiden und bei der Einführung des Begriffs Reduktion gegenüber anderen Metalloxiden?

Neben dem Kostenfaktor spielt vor allem die charakteristische Farbe von Kupfer eine entscheidende Rolle. Als edles Metall, also als Metall mit einem relativ geringen Reduktionsvermögen und einem hohen Oxidationsvermögen, gibt es nur schlecht seine Elektronen ab. Das an Sauerstoff gebundene Kupfer erscheint schwarz. Diesen Vorgang der Oxidation kann leicht mithilfe des Brenners demonstriert werden. Reagiert Kupfer nun mit einem unedleren Element, so entsteht wieder elementares Kupfer, welches aufgrund seines Rot-Stichs von den Schülerinnen und Schüler als dieses selbst identifiziert wird.

Andere Metalle, wie zum Beispiel Eisen sind eher ungeeignet, da sich eine optische Veränderung nur schwer auszumachen lässt. Dieser Punkt des Sichtbar-machens ist aber besonders in der Sekundarstufe eins sehr wichtig, um die SuS zu motivieren und zum forschen anzuhalten.

Spezielle Frage 2:

Welche Vor- und Nachteile hat jedes der folgenden Reduktionsmittel für Schülerexperimente: Eisen, Kohlenstoff, Wasserstoff? Stellen Sie sie tabellarisch gegenüber?

	Eisen	Kohlenstoff	Wasserstoff
Vorkommen	Vorwiegend als Erz	Elementar und in Verbindungen	Überwiegend in Verbindungen
Reaktionsprodukte	Ungiftig	z.B. Kohlenstoffmonooxid (Abzug)	H_2 an sich ungefährlich, jedoch bildet es mit Sauerstoff ein Knallgasgemisch
Reaktionstemperatur	Sehr hoch		
Nachweisbarkeit	Wiegen, optisch nur sehr schlecht	Beim Kupferbriefversuch sehr gut optisch.	Knallgasprobe
Eher Donator/Akzeptor	Gut als Elektronen-Donator	Sowohl als auch	Sowohl als auch
Standard-Elektrodenpotenzial	-0,41 V	0,13 V [24]	0,00 V

---

[24] http://www.internetchemie.info/chemiewiki/index.php?title=Elektrochemische_Spannungsreihe, Zugriff am 18.11.2014

Quellen

Tausch, von Wachtendonk: Chemie 2000+, Sekundarstufe 1, C.C. Buchner Verlag, Bamberg 2010

Tausch, von Wachtendonk: Chemie 2000+, Sekundarstufe 2, C.C. Buchner Verlag, Bamberg 2007

Binnewies, Jäckel, Willner, Rayner-Canham: Allgemeine und Anorganische Chemie, Spektrum Akademischer Verlag, 2. Auflage

Repetitorium Allgemeine Chemie, Fromm/Mayor/Schwarz/Zuberbühler, orell füssli Verlag AG, 2008

Kernlehrplan für die Realschule in Nordrhein-Westfalen, Fach Chemie, Stand 07.07.2011

http://www.internetchemie.info/chemiewiki/index.php?title=Elektrochemische_Spannungsreihe, Zugriff am 18.11.2014

http://www.elektronik-kompendium.de/sites/grd/0201113.htm ,Zugriff am 18.11.2014

http://www.sn.schule.de/~ms16l/virtuelle_schule/3de/Kapitel_04_U_I/kapitel_04.htm, Zugriff am 16.11.2014

http://www.chemie.de/lexikon/Zerteilungsgrad.html, Zugriff am 16.11.2014

BEI GRIN MACHT SICH IHR WISSEN BEZAHLT

- Wir veröffentlichen Ihre Hausarbeit, Bachelor- und Masterarbeit

- Ihr eigenes eBook und Buch - weltweit in allen wichtigen Shops

- Verdienen Sie an jedem Verkauf

Jetzt bei www.GRIN.com hochladen und kostenlos publizieren